CONSEILS

SUR

L'ÉLEVAGE

PAR

M. G. DE LABAT-LAPEYRIÈRE
OFFICIER DE CAVALERIE

PARIS
LIBRAIRIE MILITAIRE DE L. BAUDOIN
IMPRIMEUR-ÉDITEUR
30, Rue et Passage Dauphine, 30

1895

CONSEILS

SUR

L'ÉLEVAGE

DU MÊME AUTEUR :

CONSEILS SUR LE DRESSAGE

CONSEILS

SUR

L'ÉLEVAGE

PAR

M. G. DE LABAT-LAPEYRIÈRE

OFFICIER DE CAVALERIE

PARIS

LIBRAIRIE MILITAIRE DE L. BAUDOIN

IMPRIMEUR-ÉDITEUR

30, Rue et Passage Dauphine, 30

1894

PRÉFACE

Ce petit livre, pour lequel je demande l'indulgence des hommes de cheval, est fait dans le but de fournir de bons chevaux à la remonte de l'armée.

C'est donc pour l'éleveur du demi-sang que j'ai écrit ce travail.

Mais j'entends parler de l'éleveur sérieux qui veut, en même temps que gagner un bénéfice honnête, donner à notre cavalerie le moyen de se maintenir à la hauteur de sa tâche.

Servir mon pays, tout en étant utile aux éleveurs, voilà mon double but. Ma très grande récompense serait d'y arriver.

CONSEILS

SUR

L'ÉLEVAGE

Préférez les juments, car leur ventre est un trésor et leur dos un siège d'honneur.

Mais ce trésor, il faut le faire produire, et, pour cela, écoutons encore le prophète :

Quand le beau s'unit avec le beau, il en sort de l'or pur.

Donc, à belle jument, donnez un bon cheval, et vous aurez un beau produit.

Ce n'est point tout :

Si je n'avais vu la jument faire le poulain, je dirais que c'est l'orge,

trouvons-nous aussi dans les proverbes arabes ;

ce qui prouve qu'il faut nourrir et soigner sérieusement les poulains dès leur naissance.

Enfin, il faut faire beaucoup de produits, car, comme le disent les Arabes :

La source de la fortune est une jument qui produit une autre jument.

Ou bien encore :

Le plus grand bien sur la terre est une femme intelligente ou une jument qui donne beaucoup de poulains.

Donc, il ne faudra rien négliger pour bien soigner vos poulinières et avoir beaucoup de poulains.

Ces différents proverbes forment, tout naturellement, la division de cet ouvrage :

J'ai travaillé pour celui dont le Coran dit :

Le cheval est le bien par excellence.

Heureux si ces conseils sur l'élevage peuvent amener à l'armée le bon et brave cheval de guerre, celui dont les Arabes disent encore :

Le cheval noble n'a pas de malice.

DIVISION DE CE TRAITÉ

CHAPITRE PREMIER

DU CHOIX DE LA JUMENT

Éleveurs !

Voulez-vous faire de jolis produits ; croyez-moi, prenez un bon et joli moule.

Les Arabes prétendent que :

La jument n'est qu'un sac, on y retrouve ce qu'on y a mis.

Ce n'est pas exact.

Pensez-vous que la Banque de France frappe ses louis dans une matrice mal faite ? Non, n'est-ce pas. Le métal aurait toujours sa valeur. Mais l'image extérieure serait loin de plaire. Faites donc de même et prenez un bon moule pour que le résultat plaise tout d'abord à l'œil.

Pour que le moule dans lequel nous voulons couler notre poulain soit bon et beau, il faut plusieurs choses.

Je commencerai par :

I. — Le sang.

Tel pays, telle race ;

Ne transplantez pas ;

Les plantes exotiques transportées hors de leur pays attirent le regard par leur singularité, mais bientôt s'étiolent et meurent ;

Faites du gros dans le Nord, du léger dans le Midi ;

Le mode de culture de votre pays et la nourriture récoltée vous y forceront, du reste.

Vous prendrez donc une poulinière de demi-sang, née dans le pays et, autant que possible, née elle-même d'une indigène.

Attachez-vous à cela ; vous avez une souche, sinon parfaite, du moins connue ; c'est une garantie.

L'acclimatement fait par les ascendants est aussi une garantie de santé pour les poulains.

Quelle belle plaidoirie il y aurait à faire sur

cette question d'ascendants acclimatés et sains ! Mais je me contenterai d'exprimer un vœu :

Je voudrais que les officiers des haras et de remonte pour l'Afrique fissent des tournées dans leur circonscription avant l'époque de la monte.

Les poulinières seraient réunies à une époque fixée et présentées à l'officier. Celui-ci les examinerait sérieusement et répondrait à l'éleveur qui amènerait une vieille jument tarée : « Non, Monsieur, votre jument ne peut être saillie par un étalon de l'État ; elle est trop vieille et trop tarée, pour que je laisse dépenser les forces de mes étalons à faire (et ce n'est pas bien sûr) un poulain, qui sera fils de vieille d'abord, et sûrement taré, sinon tout de suite, du moins au premier travail demandé.

« Présentez-moi une bonne jument dans de bonnes conditions, et je vous délivrerai un permis de saillie que vous garderez précieusement. Vous aurez, d'un autre côté, le certificat de saillie de l'étalon, et, quand votre produit sera présenté à la Commission de remonte avec ces deux titres de noblesse, le Comité vous l'achètera avec une majoration, qui non seulement vous rémunérera, mais encore vous engagera à recommencer bien vite. »

Les officiers des haras devraient donc, comme je l'ai dit, réunir les juments à la station, ou bien parcourir les campagnes et à chaque jument consciencieusement visitée délivrer un permis de saillie.

Peut-être aussi, ces officiers, qui connaissent bien leurs étalons, devraient-ils désigner l'étalon qui devrait saillir la jument. Mais cela paraîtrait peut-être un peu arbitraire.

Libre à vous, éleveur, de faire saillir les juments non acceptées par des étalons rouleurs ; mais aussi, libre à moi, Service des remontes, de vous l'acheter à un prix beaucoup moins élevé que dans le premier cas.

Défense absolue sera faite aux chefs de station de faire saillir sans permis. Tous leurs soins seront apportés, au contraire, à la saillie des autres juments ; et, de cette façon, les étalons n'ayant plus à jeter leur poudre aux moineaux, seront peut-être plus aptes à féconder de bonnes femelles.

Ici, je ferme ma parenthèse ; je demande pardon au Comité des remontes de m'être mêlé de ses affaires, et je continue.

II. — Santé.

Choisissez une jument en bonne santé et jeune. Ce dernier point est un peu élastique. Si elle est bonne productrice, si elle a déjà fait des produits estimés, vous pourrez aller fort loin quant à l'âge. En principe, l'âge mûr est le meilleur; mais jamais de pouliches de deux ans ; allez de quatre à quatorze ans, vous en serez satisfaits.

Que les organes respiratoires soient en parfait état; pas de pousse, pas de maladies anciennes de poitrine. Cela est facile à vérifier par un temps de trot long et à bonne allure.

Examinez le flanc et les naseaux, le diagnostic est sûr.

Le flanc doit battre régulièrement, et les naseaux seront bien ouverts, roses et exempts de mucosités et d'écoulements blanchâtres qui indiqueraient une obstruction des voies respiratoires.

La pousse, à l'inverse de ce que disent quelques intéressés, ne se guérit pas par la gestation.

Au contraire, le fœtus vient gêner la dilatation des poumons. C'est facile à comprendre.

Un indice de sang et de bonne santé est encore quand les veines de votre bête ressortent bien après un exercice violent.

Regardez ensuite si votre jument mange bien, digère bien ; point de juments levretées, au flanc retroussé ; elles se nourrissent mal après la fatigue et seront généralement mauvaises mères.

III. — Conformation.

La conformation d'une poulinière doit être très bonne, cela est indiscutable.

Voyons d'abord la tête.

Elle doit être intelligente. C'est tout dire. Les yeux seront bons, car, outre que les maladies des yeux se reproduisent, une jument borgne (serait-ce par accident) est exposée à se coucher un jour sur son poulain sans le voir et à l'étouffer.

L'encolure sera suffisamment sortie ; le garrot pourra être légèrement noyé, mais jamais absent, c'est-à-dire trop bas.

La ligne du dos pourra être un peu longue ; ce n'est pas un vice, c'est un petit défaut ; mais que le rein soit toujours bien attaché.

Un pont doit être solidement attaché à ses deux culées, n'est-ce pas ; donc, que le garrot et le rein soient bien reliés à leurs soutiens : l'épaule et la croupe.

L'épaule sera oblique ; nous ne cherchons pas le cheval de trait, mais un produit spécial pour la selle, et l'épaule droite n'a jamais rien valu, que je sache, pour les actions brillantes.

Le poitrail suffisamment ouvert.

La poitrine profonde ; quelques auteurs disent haute.

Par profonde, j'entends très développée du garrot au sternum. Étendue dans le sens de la tête à la queue ne me paraît pas indispensable, car, en ce cas, les personnes qui auraient le buste court n'auraient pas de bons poumons. Cela me paraît aller un peu loin.

Cherchez simplement ce qu'on appelle un beau passage de sangles. Ce n'est déjà pas si facile à trouver, surtout chez les juments.

La côte légèrement arrondie, la croupe oblique et large.

Il faut de la place pour le fœtus dans le bassin. Il faut aussi qu'il puisse sortir facilement.

N'oubliez pas ce proverbe :

La jument, comme la femme, doit avoir
Poitrine profonde,
Croupe large,
Poil fin.

On dit aussi que la jument doit être spacieuse. Le mot est trivial, mais cependant bien juste.

Les dessous seront solides et exempts de tares, de tares dures au moins; les autres sont moins dangereuses.

Les aplombs seront bons; mais j'estime qu'on peut user d'une certaine indulgence pour cela; sinon, l'ensemble serait parfait, et la perfection n'est point de ce monde.

IV. — Caractère.

Quant au caractère de la jument, il faut qu'il soit ce que l'on appelle bon. Je le répète, nous ne cherchons pas la perfection, mais nous voulons nous en approcher le plus possible. Donc, que la jument ne soit pas irascible, pas trop quinteuse quand vous la montez. Le caractère de la jument s'améliore quand elle devient mère; cependant, le poulain, qui se ressent souvent des défauts maternels, pourrait bien être difficile à mener.

En somme, les bonnes bêtes ne coûtent pas plus à nourrir que les mauvaises, et le résultat est forcément meilleur.

Le prix d'achat peut différer, mais cette question ne doit pas entrer en ligne de compte pour un éleveur sérieux.

Je reviens une fois encore sur la presque nécessité d'avoir des poulinières indigènes. Dans le Sud-Ouest, par exemple, où l'agriculture emploie et s'occupe surtout des bœufs, le temps accordé à l'élève des chevaux est bien peu de chose. De plus, la variété de culture s'oppose aux grandes étendues de prairies. La race doit donc être rustique; elle doit presque s'élever toute seule, un peu à la bonne franquette; et cela n'est pas plus mauvais, car les produits, un peu abandonnés à eux-mêmes dès le début, n'en seront que meilleurs et plus résistants le jour où l'on voudra s'occuper un peu plus de leur éducation.

CHAPITRE II

DE L'ÉTALON QUI CONVIENT A LA JUMENT

Il s'agit à présent du père.

Les étalons des haras sont peu nombreux par station, et nous sommes forcés de choisir dans ceux-là.

Aller au dépôt, outre le temps perdu, serait bien aléatoire.

Cependant, entre le pur sang anglais, le pur sang anglo-arabe et le demi-sang, nous trouverons assez de choix pour faire couvrir notre jument suivant nos désirs.

Au point de vue sang, santé, conformation, caractère, les qualités que nous avons demandées pour la jument sont aussi indispensables pour le reproducteur, et, du moment que l'État nous fournit l'étalon, nous supposons toutes ces conditions remplies. Tous ont subi l'épreuve des courses ; ils ont donc des garanties et de bons certificats. Nous ne parlerons donc que du choix de l'étalon par rapport à la jument que nous voulons faire mère.

En principe, prenez l'étalon, soit anglais, soit barbe, qui vous paraît devoir le mieux combattre les défauts de votre bête.

Je m'explique.

Votre jument est-elle un peu commune dans son avant-main, longue, un peu décousue; prenez l'étalon anglais, qui a généralement beaucoup de branche et un joli dessus. Votre jument est-elle assez fine, distinguée par nature, un peu grêle; prenez l'étalon oriental qui donnera à votre poulain de la force et de la cohésion.

Faites de l'anglo-arabe, éleveurs du Midi. C'est là le vrai type du cheval de guerre.

Si donc la jument a de l'arabe par ses ancêtres, donnez-lui l'anglais, et. . . . . réciproquement; je ne crois pas avoir ouï personne se plaindre de ce croisement.

Les haras du Midi admettent ce principe, puisqu'ils ne donnent plus de carrossiers. Ils n'ont plus que l'anglais, l'anglo-arabe et le syrien, qu'on appelle aujourd'hui arabe tout court, et qui est un des plus beaux types de la race chevaline.

CHAPITRE III

DE LA SAILLIE

Ayant examiné les parents, nous allons nous occuper de la manière de préparer et d'accomplir l'acte si important de la reproduction.

La jument est prête, on le sait, au printemps ou un peu avant.

Les chaleurs la prennent à cette époque, elle se campe souvent pour uriner, devient inquiète, les parties génitales se gonflent ; bref, elle est en chaleur.

N'essayez pas de présenter vos juments à l'étalon avant ces signes bien certains, elle refuserait.

N'écoutez pas les charlatans qui vous diront qu'ils ont des moyens de faire prendre la jument.

Suivez la loi naturelle, c'est la seule vraie.

Faites saillir vos bêtes le plus tôt possible. Plus la naissance aura lieu près du 1er janvier, plus vos poulains seront forts pour l'âge que la loi leur donne, puisque cet âge est décompté du commencement de l'année.

Lors donc que vous présenterez vos produits à la remonte au mois d'octobre, quand la mitoyenne sera tombée, ils seront d'autant plus forts qu'ils seront nés plus tôt et plus le prix sera rémunérateur.

Il est préférable d'atteler la jument pour aller à l'étalon, et y aller au pas, si c'est possible.

Si votre bête a chaud, laissez-la reposer une demi-heure et donnez-lui un léger barbotage. Mettez-la ensuite à la planche et faites-lui présenter le boute-en-train. Si elle se campe et accepte les câlineries de ce cheval, amenez-la au paddock ; placez-la, la croupe un peu haute ; ficelez-la juste, sans la gêner, et faite présenter l'étalon de votre choix.

Le reste regarde le chef de station.

Il serait oiseux d'entrer dans tous les détails de la monte.

Aussitôt la saillie faite et le cheval descendu, faites ce que j'ai vu faire de plus pratique :

Jetez vigoureusement un seau d'eau froide sur la croupe de la jument, et cela, avant toute chose, avant même de la délier.

Cette douche a pour but de réagir sur la vulve et les parties génitales.

Cette sensation de froid contracte les muscles; il y a donc plus de chance que les spermatozoaires, poussés par cette contraction même, s'avancent vers les ovaires, rencontrent les œufs et viennent féconder la jument.

Quelques tapes, appliquées fortement sur la croupe, sont aussi une bonne précaution.

Après la monte, attelez et allez-vous-en de suite à une bonne allure.

Comme la jument est en chaleur, puisqu'elle a pris le cheval, elle a envie de se camper pour uriner, même après avoir reçu l'étalon. Cela ne gêne pas la reproduction, puisqu'on a vu des juments être pleines, malgré des signes de chaleur longtemps après la monte ; mais mieux vaut l'empêcher de se camper et, pour cela, le meilleur remède est le mouvement.

Quelques juments sont trop excitées au moment de la monte, ce sont, pour ainsi dire, des hystériques ; dans ce cas, saignez une demiheure avant la saillie.

Cela est néanmoins une exception, et la saignée (très légère en tous cas) ne doit être faite qu'après avoir pris l'avis du chef de station et d'un vétérinaire.

Inutile, bien entendu, d'employer les remèdes secrets que conseillent quelques charlatans pour faire *sûrement* retenir la jument.

Ni la science ni la raison n'acceptent ces moyens.

Ramenez plusieurs fois la jument à l'étalon, à intervalle de huitaine environ. Trois fois suffisent généralement ; mais il est bon d'essayer un quatrième saut.

Dès que la jument refuse, ne la ramenez plus. Si la prépartion et l'exécution des saillies ont été bien faites, il y a bien des chances pour que la bête soit fécondée.

En somme, et toujours au sujet de l'accouplement, ayez soin de mettre en présence des sujets d'âge mûr. L'excès en tout est un défaut, quoique nous ayons vu maintes fois de vieilles juments faire de beaux produits ; mais la race et le sang étaient là qui rachetaient l'excès d'âge.

De même, de vieux étalons ont fait de beaux poulains ; mais ils avaient fait leurs preuves et l'on savait que bon sang ne peut mentir.

Rappelez-vous enfin que le premier père a toujours une influence sur les futurs produits.

Une jument, couverte par un baudet, ne fera plus que des hybrides, même saillie par un pur-sang.

Soignez donc toujours le premier accouplement.

CHAPITRE IV

DE LA GESTATION

La gestation est l'état de la jument fécondée jusqu'à la mise-bas.

La jument porte en moyenne 333 jours.

Le premier indice de la fécondation est le refus de l'étalon par la jument ; le second est la cessation des chaleurs, quoique ce dernier indice puisse ne pas toujours être vrai.

Ai-je besoin de recommander de placer la jument dans une écurie spacieuse et aérée.

Que de fois je me suis apitoyé sur le sort de pauvres bêtes reléguées au fond de l'écurie des vaches, avec un fumier infect comme litière et un plafond trop bas comme ciel, et dire qu'elles restaient là une partie de l'hiver sans bouger, le temps étant trop mauvais pour les sortir. Puis, un beau jour, arrive une foire à 20 kilomètres de la ferme. Le métayer veut aller voir le cours des bestiaux, sa femme a besoin d'une jupe, la fille d'un bonnet, la grand'mère de se promener; crac, on attelle la pauvre jument, qui n'a pas vu le soleil depuis deux mois, et voilà toute la famille en carriole. Conclusion : 40 kilomètres pour la poulinière, fatigue extrême, par suite de non-entraînement, coups de brancards sur les flancs, peut-être coups de pieds à l'écurie, en tous cas, étouffement par suite de l'encombrement et, pour compenser tout ça, deux litres d'avoine (quand on les donne). Étonnez-vous ensuite des avortements.

Vers le septième mois, la jument prend du ventre, elle se déforme légèrement, la croupe s'avale, se fond.

Un peu plus tard, on peut sentir le fœtus en mettant la main au flanc de la poulinière. Surtout quand on fait boire, l'eau froide, arrivant brusquement dans l'estomac, fait tressaillir le poulain. Il faut donc faire boire à la température de l'écurie, sans cela les secousses successives occasionnées par l'eau froide pourraient occasionner l'avortement.

Si vous devez faire boire froid, jetez sur l'eau une poignée de son ou de farine d'orge. — Cette pratique est d'une sage expérience.

Vers les derniers mois, la jument devient paresseuse, lente et plus douce de caractère ; les indices s'accentuent. Enfin, quand les mamelles se gonflent et qu'à la pression elles donnent du lait, les présomptions deviennent certitude, vous n'avez plus qu'à attendre, soigner, surveiller. Et d'abord, plus près vous approchez de la mise-bas, meilleure, plus choisie, plus abondante doit être la nourriture de la jeune mère, et cela se comprend, puisque vous avez deux existences à soutenir.

Le travail de la jument pleine peut continuer longtemps, à condition toutefois qu'il soit modéré ; le repos absolu et prolongé est loin d'être une bonne chose ; de nombreux exemples l'ont prouvé.

Vous mettrez votre jument au repos pendant les deux derniers mois de la gestation.

Cela suffit.

Ce qui précède concerne les propriétaires qui ont besoin de leur bête pour travailler ou, du moins, qui n'ont point toutes les commodités voulues pour faire l'élevage parfait.

Si vous avez des cabanes et des paddoks grands et commodes, et alors laissez vos bêtes en liberté le plus longtemps possible, l'instinct leur indiquera certainement l'exercice nécessaire à leur santé.

Cependant, veillez à la nourriture; diminuez plutôt la ration vers le moment de la mise-bas, afin que la jument ne soit pas échauffée au moment de cette grave opération.

CHAPITRE V

DE LA MISE-BAS

Celle qui donne la vie est bien près de la mort,

dit un dicton populaire. Chez les animaux, cependant, il est un peu exagéré. La nature, qui a bien fait toute chose, n'a généralement pas besoin d'aides.

Quand la jument doit mettre bas, elle se tourne, s'inquiète, se couche, se relève, les mamelles se durcissent, la vulve se tuméfie.

Faites alors bonne garde et bonne litière, car le moment de la naissance est proche.

La bouteille apparaît enfin. C'est le terme vulgaire par lequel on désigne le faix. Ce sont les membranes de la vessie qui contient le fœtus. La bouteille se crève, les eaux s'écoulent et les membres antérieurs du poulain paraissent bientôt après, le bout du nez appuyé sur eux ; puis nouvel effort de la jument, le poulain glisse progressivement à terre et un nouvel élève vous est né.

Aussitôt la mise-bas effectuée, frottez la mère, bouchonnez-la bien, couvrez-la, évitez surtout les courants d'air, donnez-lui un barbotage à la farine d'orge et présentez-lui son fils.

Ne faites boire la mère que le lendemain.

Elle le léchera probablement aussitôt. Mais elle peut refuser, surtout si c'est son premier poulain. Saupoudrez alors celui-ci d'un peu de farine d'orge et d'un peu de sel, le résultat ne se fera pas attendre.

S'il se produit une hémorragie par le cordon ombilical, il faudrait faire une ligature.

Présentez maintenant le poulain aux mamelles de la mère. Au besoin, trayez-la un peu et faites goûter au petit le lait dans le creux de la main; dès qu'il en aura bu quelques gouttes, il aura tôt fait de trouver le chemin de sa salle à manger.

Pendant ce temps, donnez quelques aliments friands à la mère : du vert, de la farine d'orge avec une poignée d'avoine, elle sera plus tranquille. La jument ne doit boire que le lendemain.

Le premier lait est indispensable au poulain.

C'est, pour ainsi dire, une purge qui doit faire évacuer le méconium, qui est le premier crottin du jeune cheval.

Barbotages après le part.

Une nourriture réconfortante mais non trop excitante est indispensable à la jument, qu'on doit ramener dans dix jours à l'étalon.

Cela se comprend bien : elle doit non seulement se réconforter, mais encore se mettre en mesure de porter un autre fruit.

Pendant cet intervalle, gardez-vous bien de la faire travailler. Mettez la dehors quelques heures par jour, dans le beau moment de la journée, et en terrain doux, pour que le poulain ne puisse se faire mal.

Vous pouvez sortir mère et fils dès le troisième ou le quatrième jour, mais jamais avant que la rosée soit tombée, et non plus sans avoir donné une poignée de foin sec avant la sortie des écuries.

L'herbe mouillée du matin a causé bien des accidents.

Tenez aussi vos animaux bien propres et vos écuries bien aérées.

Après la saillie du dixième jour après la naissance vous pourrez reprendre vos travaux, mais toujours avec beaucoup de prudence et aussi de nourriture.

N'oubliez pas que votre bête a trois existences à assurer : la sienne, celle de son fils, et aussi celle du nouveau fœtus.

Évitez avec soin, par exemple, de laisser téter, la mère ayant chaud. Attendez le repos complet. Les diarrhées du poulain n'ont presque jamais d'autre cause.

Enfin, quand vous séparez le poulain de la mère, enfermez-le dans un box sombre, ou bien fermez les volets de l'écurie ; le petit se tient bien plus tranquille ainsi, et les accidents sont par conséquent bien plus faciles à éviter.

C'est en ce moment que l'effet des paddocks et cabanes se fait réellement sentir.

Quand on a de la place, on ne doit pas hésiter à faire cette dépense ; les soins à donner aux chevaux sont tellement simplifiés, que l'on y gagne beaucoup. Il faut au moins un carré de 50 mètres de côté.

Au milieu d'un côté vous bâtissez une cabane. On peut la faire en pierre, en briques, en bois ou en jonc. L'ouverture tournée au sud et la porte séparée en deux : battant supérieur, battant inférieur, de façon qu'on puisse ouvrir le battant d'en haut pour faire entrer le soleil, sans pour cela laisser sortir les animaux. Séparez ensuite votre paddock en deux au moyen d'une haie ou d'une barrière, entre les barreaux de laquelle vous mettez des ajoncs pour que le poulain ne se faufile entre les traverses. Vous avez aussi une deuxième porte à la cabane pour aller dans l'autre parcours.

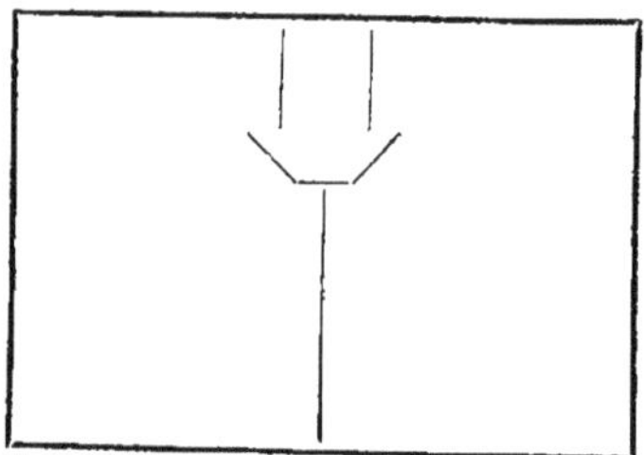

Lâchez vos bêtes une quinzaine d'un côté, une autre de l'autre; de cette façon le terrain ne s'abîme pas, et l'herbe repousse alternativement.

Pas de râteliers dans ces cabanes, la nourriture à terre, c'est-à-dire les herbes et la paille; l'avoine dans une auge fixée par deux piquets.

Le poulain verra la mère manger, il s'y habituera peu à peu; plus tard vous séparerez, pour que la mère ne mange pas tout.

Le principe de donner la nourriture à terre est

très bon; les animaux allongent l'encolure et voussent ainsi le dos et le rein.

Si donc quand vous monterez vos élèves, vous les fatiguez un peu, à leur rentrée à l'écurie le mouvement forcé qu'ils feront pour manger à terre équivaudra à la descente de main et, tout le monde le sait, la descente de main équivaut à un étirement qui fait le plus grand bien aux muscles.

Cette façon de manger à terre, je la préconise non seulement pour les poulinières et poulains, mais aussi pour tout cheval de service, et cela pour les mêmes raisons.

Ayez aussi un seau encastré dans une gaine, dans le coin, près de la porte.

Ce seau sera toujours plein, en principe. Les chevaux sont comme nous; croyez-vous qu'après avoir mangé leur demi-botte ils dédaignent quelques gorgées d'eau?

Mangeriez-vous la moitié d'un repas sans boire, et boiriez-vous au milieu d'un dîner tout votre soûl sans boire de nouveau au dessert?

Eh bien! laissez-les à leur instinct, ces pauvres animaux, vous les verrez de temps en temps boire quelques gorgées et continuer leur botte avec beaucoup plus de plaisir.

Bien entendu, quand votre cheval reviendra en sueur d'une longue course, vous aurez soin de ne pas le laisser boire, et pour cela, faites vider le seau toutes les fois que vous sortez à cheval.

Mais, deux heures après votre retour, le cheval bien bouchonné et ayant mangé les deux poignées d'avoine de l'arrivée, laissez-le boire, vous verrez avec quel plaisir il mangera sa ration du soir. Car le système de donner un peu de grain après l'étape est excellent. Il est d'ailleurs employé avec juste raison dans l'armée. C'est d'abord une preuve de bon estomac, si le cheval mange; il est aussi plus tranquille, se repose mieux et attend plus patiemment le repas du soir.

Je reviens sur cette habitude (générale, pourrais-je dire) de ne donner à boire que le soir avant le repas.

Le cheval n'a pas bu depuis le matin : il a fait son travail, soit de 6 à 9, soit de 8 à 11 heures, il a son léger repas de midi et arrive au soir avec une soif intense. Si vous ne lui donnez que peu d'eau, si vous lui rationnez son eau, l'estomac n'est pas satisfait, il mange presque par force, la réfection se fait mal.

Si vous lui donnez son soûl d'eau, l'estomac se dilate, il mange ensuite avec voracité et il se ballonne. La digestion sera pénible, le sommeil sera lourd, et votre bête ne sera pas le lendemain ce qu'elle aurait dû être.

Mettez-vous donc à la place de vos chevaux et rappelez-vous le fameux proverbe qui devrait être inscrit sur tous les monuments publics :

Ne faites point à autrui ce que vous ne voudriez pas qu'on vous fît à vous-même.

CHAPITRE VI

DE L'ÉLEVAGE DU POULAIN

I. — Pendant l'allaitement.

La jument fait le poulain, mais l'orge le fait aussi, dit l'Arabe.

Nourrissez donc votre poulain au grain, dès son jeune âge. Le muscle se fait, se développe et se durcit avec l'avoine, donc le cheval croît.

Et quand viendra l'heure de la vente ou du travail, vous retrouverez vite la légère dépense que vous aurez faite en le nourrissant ainsi.

Commencez à lui donner du grain concassé un mois après sa naissance, mais aussi commencez à le dresser.

Quand je dis dresser, je veux dire l'habituer à l'homme, et l'expression me semble juste, car un cheval habitué à l'homme et à ce qui s'ensuit naturellement est forcément dressé.

Tout jeune, caressez-le, habituez-le à venir à vous, grattez-lui la tête, parlez-lui, levez-lui les pattes, portez-le, si vous pouvez ; tout cela servira plus tard. Amenez-le à la cuisine, faites-lui manger du pain sur la table, tout cela servira, soyen-en sûr, quand il s'agira de le ferrer, de lui faire les crins, de le harnacher.

Habituez-le, vers le quatrième mois, à supporter un licol léger en tissu, vous le conduirez à la prairie en le tenant par une longe et en le caressant. C'est la meilleure manière de mettre un poulain en confiance. Soyez sûr que, s'il va à la prairie, il ne se fera pas prier et marchera plus vite que vous. Laissez-le faire ; gardez-vous bien d'arrêter cet élan ; pour le dressage à la longe ensuite, vous aurez les trois quarts du travail déjà fait.

Pour habituer le poulain à être tenu en main, commencez par faire marcher la jument quelques pas en avant. Quand il verra sa mère, il marchera certainement : trop vite d'abord, eh bien, calmez-le en lui donnant un peu de fourrage ou un peu de pain, ou un trognon de chou.

Quand il verra que vous ne lui voulez aucun mal, il se fera petit agneau.

Si vous avez à conduire la jument à un pâturage éloigné, n'abandonnez jamais le poulain à lui-même. Il sautera, gambadera, se mettra en sueur, n'y eut-il qu'un kilomètre à faire.

A la prairie, fatigué d'avoir couru, il se couchera, et vous voyez d'ici les résultats. Le moins qu'il puisse lui arriver, ce sont les diarrhées, et alors, le bénéfice de trois jours de bon entretien disparaît, il faut trois nouvelles journées pour le ramener où il était et six jours pour qu'il rattrape le temps perdu ; total : deux semaines perdues.

Supposez que ces petits accidents se reproduisent trois ou quatre fois, voilà bien vite trois mois de retard et, à trois ans et demi, au moment de la vente à la remonte, ces trois mois vous causeront un gros préjudice.

Et tout cela, en supposant que les accidents ne soient que passagers et qu'il n'en résulte pas une maigreur, une chétivité que rien ne peut vaincre ; car alors, au lieu de poulain pouvant valoir de 800 à 1000 francs, vous n'avez plus qu'un pauvre animal qui ne vaut pas 300 francs.

Ah ! surveillez, surveillez toujours !

Ayez soin aussi de ne jamais laisser dans les enclos, autour des écuries, sur le passage des poulains, fourches, brouettes, charrues, herses, toutes choses qui pourraient entraîner des accidents graves.

Bien assez d'efforts et d'accidents arrivent par le seul fait de la vivacité du jeune animal, pour ne pas encore augmenter les chances de malheur.

II. — Après le sevrage.

Vers six mois, vous sèvrerez votre poulain ; c'est à cet âge, en général, que cette opération se fait.

Votre élève a déjà porté le licol et a déjà aussi été attaché à côté de sa mère.

Séparez-le d'elle peu à peu vers le cinquième mois et laissez-le téter à intervalles assez irréguliers. Il se désaccoutumera ainsi du lait, mais donnez-lui en compensation de la bonne nourriture, de l'excellent foin, des carottes, quelques navets, des trognons de choux, de l'avoine concassée, mêlée à un peu de son ; bref, toutes choses qui l'affriandent et lui fassent moins regretter le lait maternel.

Pendant la séparation d'avec la mère, mettez-le assez loin pour qu'il ne puisse entendre ses hennissements ; sans cela, le travail de la séparation et du sevrage sera on ne peut plus difficile.

Si, en ce moment-là, le poulain est inquiet, mange mal, une boulette d'aloès le remettra en appétit.

L'élevage du poulain commence, pour ainsi dire, à cet instant précis où on le sèvre.

Sa mère, peut-on dire, l'avait élevé jusque-là.

Les trois grands principes de l'élevage sont :

Air, — *Mouvement*, — *Nourriture.*

Cela est tellement rationnel, que je ne m'étendrai pas sur la théorie, mais seulement un peu sur la pratique.

Air et mouvement vont ensemble, si vous avez des boxes et des paddocks, et, pour moi, c'est la meilleure, sinon la seule manière de mener à bien vos élèves.

Néanmoins, et c'est la majorité, les poulains sont élevés en stalle et attachés ; mais, alors, les soins et la surveillance de chaque instant sont indispensables.

Tout d'abord, beaucoup d'air dans les écuries, mais point de courants d'air.

Les vents, l'humidité, ajoutés à une nourritur médiocre, ont causé bien des maladies d'yeux.

Les émanations ammoniacales du fumier sont encore une cause fréquente de ces maladies.

Que le sol des écuries soit très légèrement incliné pour l'écoulement des urines, mais cependant très uni pour ne point fausser les aplombs.

La plupart de nos métayers du Sud-Ouest attachent leurs poulains dans le fond le plus noir de leur étable à bœufs et les laissent quelquefois longtemps sans sortir (s'il fait mauvais, par exemple). Il faut véritablement de la bonne volonté à ces pauvres chevaux pour vivre dans une atmosphère pareille.

Il faut faire sortir les poulains tous les jours, sauf par la pluie, bien entendu, car la pluie sur les peaux fines de ces jeunes bêtes est très nuisible.

Ménagez vos prairies. Partagez-les en deux, si vous n'en avez qu'une ; changez d'enclos, si vous en avez plusieurs. La prairie est plutôt un terrain d'exercice qu'une salle à manger. Il y faut néanmoins de l'herbe, le poulain s'ennuierait sans cela et les accidents arriveraient vite.

Bien entendu, qu'il n'y ait pas de cailloux, de débris de vaisselle dans vos parcours, ce ne serait pas le moyen d'éviter les accidents.

La nourriture du poulain après le sevrage est une question très délicate, d'autant plus que l'hiver arrive à ce moment même.

La transition est assez pénible de passer du lait et de la bonne herbe à un régime sec uniquement.

Donnez de bon foin, fourrage, luzerne, sainfoin mélangé, ou tantôt l'un, ou tantôt l'autre, environ 5 kilos en deux fois, et deux litres d'avoine et son. Cette ration doit suffire au jeune poulain. Variez la nourriture ; donnez des fèves macérées de temps à autre, des carottes, des pommes de terre bouillies, des navets ; mais surveillez bien l'effet de ce que vous donnez, de manière à garder toujours le juste milieu.

L'Arabe dit :

Tu dois connaître la ration qui convient à ton cheval, comme la mesure de poudre qui convient à ton fusil.

Le pansage est aussi indispensable au poulain que l'orge.

Bon pansage vaut demi-ration.

Outre que le pansage fait fonctionner les pores de la peau, il habitue encore le cheval à l'homme et devient un adjuvant puissant pour le dressage.

A sept ou huit mois, l'éleveur doit voir ce que promet son cheval.

S'il ne lui dit rien de bon, s'il ne lui va pas, qu'il le vende. C'est la seule manière de ne point perdre, s'il ne croit pas pouvoir le présenter en forme à la remonte. S'il est dans les conditions voulues, soignez-le bien pour qu'il passe un bon hiver, car il faudra bientôt le castrer.

III. — De la castration.

Bien des auteurs ont discuté sur la castration, ou, du moins, sur l'âge auquel on doit la pratiquer.

Les uns disent que c'est à la mamelle que l'opération offre le moins de chance d'accidents.

Les autres veulent que le cheval soit fait, ait toute sa force, quand on devra procéder à l'ablation des testicules.

Toutes ces théories ont du bon; mais pour nous, qui recherchons surtout la suite dans nos idées d'élevage, voici notre opinion :

Attendez d'avoir sevré, attendez que le premier hiver ait passé sur l'estomac de votre poulain.

A un an, vous verrez très approximativement ce qu'il peut vous donner. S'il a tout pour lui :

sang, belles formes, bon estomac, allures s'annonçant brillantes, gardez-le entier.

Si, au printemps, vous ne voyez pas la possibilité d'en faire un étalon, castrez-le, c'est le meilleur moment.

Les hommes de l'art sont là, pour s'occuper de l'opération et de ses suites. Nous n'en dirons rien.

Si vous trouvez votre poulain dans de bonnes conditions, gardez-le entier encore un an, il est toujours temps de le priver de ses organes ; alors, poussez-le en avoine et en soins, vous pourrez le présenter sinon aux haras, du moins à Saumur, et vous n'aurez pas perdu votre temps. Mais revenons à notre cheval de remonte.

Nous le castrons à un an et nous allons le suivre jusqu'à trois ans et demi, époque à laquelle nous le présenterons à la Commission.

Il a un an ; l'hiver est passé, l'herbe repousse. Lâchez votre poulain tous les jours et laissez presque entièrement à la nature le soin de le nourrir.

Vous prendrez néanmoins les précautions dont nous avons parlé pour la poulinière, c'est-à-dire un peu de foin sec le matin pour éviter l'herbe humide sur l'estomac, quelques gorgées d'eau et au pré sitôt que la rosée est tombée.

Le soir, faites rentrer avant le serein, donnez à boire, deux litres d'avoine et son, ou fèves de temps en temps et paille.

Le traitement n'est pas difficile.

Si les prés sont rares, donnez le vert à l'écurie, mais augmentez un peu l'avoine.

C'est alors que vous commencerez le dressage.

IV. — Du dressage au trait.

Faut-il commencer par la selle ou la voiture? Monter est bien plus facile, vous êtes bien plus maître de votre poulain ; ni les brancards ni le bruit des roues ne viennent l'agacer, mais aussi le dos se plonge, ses membres antérieurs se fatiguent, s'arquent, et les jarrets s'usent prématurément.

Nous sommes de l'avis absolu de commencer un poulain par le dressage à la voiture, car, outre que le dos se fait au lieu de se déformer et que les membres ne se fatiguent pas, il est constant qu'un cheval de voiture se monte généralement avec facilité, tandis qu'un cheval de selle ne s'attelle pas toujours très commodément.

Enfin, vous commencerez votre cheval tout jeune à la voiture, alors que vous ne pourriez le monter que longtemps après.

Point n'est besoin de ferrer encore ; nous ne devons mettre notre cheval qu'en terrain mou ou tout au plus dans les chemins de terre.

Commencez à harnacher votre poulain sans croupière, promenez-le plusieurs fois au caveçon (rembourré, bien entendu), puis mettez le culeron dehors dans la cour. Prenez un culeron mince mais bien huilé, sortez bien tous les crins, bouclez et promenez.

Puis mettez deux longues cordes au collier, vous les passerez dans les porte-traits et vous les tiendrez loin derrière. Vous les laisserez battre sur les cuisses, successivement d'abord, puis ensemble, et enfin en tirant fort sur le collier, en vous laissant un peu traîner.

Calmez de la parole votre cheval, s'il rue ou s'il s'inquiète ; mais laissez-lui ce harnais quand même ; dût-il ruer trois quarts d'heure. Il finira par comprendre que c'est lui seul qui se fait du mal, et se calmera forcément.

Quand il aura compris la leçon, caressez, promenez encore un peu, rentrez et séchez, puis, toujours le même principe, donnez une poignée d'avoine, la récompense après le travail.

Quelques jours après vous attacherez les deux cordes qui vous servent de trait à un billot de bois.

Mettez alors un homme de chaque côté du caveçon avec chacun sa longe. Le cheval est bien plus facile à diriger ainsi, et les hommes ont bien plus de confiance.

Plus tard, vous bridonnerez avec un mors entouré de toile, vous salerez un peu cette enveloppe, le cheval s'amusera à sucer son mors et aura l'esprit moins porté à la révolte.

Enfin quand il supportera les coups de traits sur les cuisses, qu'il traînera tranquillement son billot, attelez-le à une charrette légère garnie d'une bonne mécanique. Mettez toujours vos deux hommes de chaque côté, et vous les guides en main sur le siège.

Le cheval en filet naturellement. Laissez votre cheval pointer sans lui donner d'à-coup, ce n'est rien cela; quand il sera un peu calme, vos deux aides attachent leur longe à un anneau de sellette, ou au brancard, peu importe, et marchez.

Ne faites pas faire demi-tour sur la route, c'est une mauvaise leçon; tâchez de revenir à l'écurie par des chemins de traverse, c'est plus rationnel.

Arrêtez sur la route, aussi droit que possible, et repartez à la voix, vos hommes toujours prêts à reprendre le cheval entre ses deux longes.

Puis rentrez, bouchonnez, séchez et l'avoine.

Un très bon système d'attelage est celui-ci :

Dossière mobile mais restant en permanence aux brancards. Sellette à rainure ou à quatre piquets.

Les traits sont attachés à la voiture et terminés par deux anneaux.

Le collier ne porte que deux attelles ou mancillons. Vous baissez les brancards, vous bouclez la sous-ventrière et aussi les traits au collier; les guides sont mises d'avance, vous les prenez en main et vous montez légèrement en voiture.

En un clin d'œil le cheval est prêt, sans tous les ennuis de l'attelage ordinaire qui l'agacent et le disposent à rétiver.

S'il part d'un bond, laissez-le faire, cela vaut mieux que de reculer; ramenez-le doucement et conduisez-le avec un fil.

Pas de fouet, la cravache américaine; tapotez-le sur le flanc et sur la croupe, vous êtes bien plus maître de vos actions.

Attelez tous les jours, pas longtemps, et allez le pas le plus possible. Le cheval se calme ainsi à vue d'œil et vous serez toujours à temps de l'allonger dans son allure quand il sera bien confirmé dans le collier.

Voici donc votre poulain arrivé au deuxième hiver. Il a un an et demi. Employez les fourrages artificiels en augmentant les rations indiquées pour l'hiver précédent :

5 kilos de fourrage,
4 kilos de paille de froment
et 3 litres d'avoine.

Changez, comme il a été dit, l'avoine en son, carottes, etc., de temps en temps, c'est le moyen de le rafraîchir et de ne pas le dégoûter.

V. — Du ferrage.

Au printemps suivant, faites ferrer de devant d'abord.

Cela l'empêchera de glisser dans les prés, puis le dressage à la voiture, qui ne devient sérieux que maintenant, du reste, comporte la sortie sur les routes ; il est donc indispensable de ferrer. Devant d'abord, quelque temps après derrière.

Le ferrage n'est pas difficile, si vous avez eu soin de vous amuser souvent à lever les pieds de votre poulain et à lui tapoter sur les parois. Mettez une ferrure légère, il vaut mieux renouveler souvent.

Pas trop de clous, la corne est tendre. Voici un moyen très pratique d'empêcher les chevaux de se déchausser : Sitôt le cheval ferré, gardez-vous bien de faire râper la couronne et de faire graisser ; amenez de suite à l'eau et laissez un bon moment. Il faut que les sabots au moins soient couverts.

L'eau s'introduisant dans les trous des clous, ceux-ci se rouillent et, grâce à cette rouille, l'adhérence du clou à la corne devient tout intime et le fer tient.

Si vous graissez au contraire le pied, le clou se graissera aussi, le glissement deviendra tellement facile, qu'au moindre choc le fer sautera.

Ces petites ficelles de métier sont peu connues et devraient être universellement répandues ; mais cela ne fait pas l'affaire des maréchaux. Que d'accidents et que d'ennuis eussent pu être évités, surtout en chasse, par cette simple précaution !

Un autre conseil.

Faites toujours mettre de légers crampons aux fers de derrière.

Pour les chevaux de chasse, c'est indispensable ; sans cela à chaque obstacle en terrain glissant, votre cheval glissera, boulera sur l'obstacle, et vous ferez panache.

Pour la voiture, c'est à mon avis aussi indispensable.

Qui n'a pas vu un cheval voulant partir un peu vite, glisser de derrière, se faire mal et boitailler sept ou huit pas avant de se remettre d'aplomb.

Avec les crampons cette glissade n'arrivera presque jamais.

L'été suivant mettez le poulain au pré et donnez-lui trois litres d'avoine, puis à l'automne forcez un peu la ration de grain, et, dès que la mitoyenne est tombée, présentez à la remonte.

Si l'élevage a été bien compris et bien fait et que vous ayez en main les certificats dont j'ai parlé, je crois pouvoir vous répondre que votre cheval vous rapportera non seulement un bon prix, mais aussi des compliments des officiers acheteurs, et ce n'est pas la moindre récompense pour un homme de cheval de voir ses produits estimés et appréciés.

Éleveurs !

Surveillez, surveillez vos poulinières et vos poulains, car non seulement l'œil du maître engraisse le cheval, mais il évite aussi bien des malheurs !

TABLE DES MATIÈRES

Paris. — Imprimerie L. Baudoin, 2, rue Christine.

A la même Librairie :

Conseils sur le dressage; par M. G. de **Labat-Lapeyrière**. officier de cavalerie. Paris, 1890, 1 vol. in-12............... 2 fr.

Méthode de dressage du cheval à pied, exclusivement à la cravache; par un **officier supérieur de cavalerie**. Paris, 1890, 1 vol. in-8 avec planches...................... 3 fr.

Conseils pour le dressage des chevaux difficiles; par F. **Musany** (de *la France chevaline*); précédés d'une lettre de M. Pellier père. Paris, 1880, 1 vol. gr. in-8................ 7 fr.

Dressage simplifié du cheval de selle; par F. **Musany** (de *la France chevaline*). Paris, 1886, 1 vol. in-12 .... 2 fr.

L'élevage, l'entraînement et les courses, au point de vue de la production et de l'amélioration des chevaux de guerre; avec une étude médicale sur l'embonpoint et les moyens rationnels de le combattre, par le docteur H. Libermann; par F. **Musany**. Paris, 1890, 1 vol. in-8.. 4 fr.

Du choix, de l'élevage et de l'entraînement des trotteurs; par M. le comte **de Montigny**. Paris, 1879, 1 vol. in-12 avec 2 figures.. 2 fr. 50

Nouveau manuel du cocher; par Émile **Court**, cocher. Paris, 1885, 1 vol. in-12.. 3 fr.

Traité de la conduite en guides et de l'entretien des voitures; par le commandant **Jouffret**. Paris, 1889, 1 vol. gr. in-8 avec 62 figures.................................... 5 fr.

Traité d'équitation illustré, précédé d'un aperçu des diverses modifications et changements apportés dans l'équitation depuis le XVIe siècle jusqu'à nos jours; suivi d'un appendice sur le jeune cheval, du trot à l'anglaise, et d'une lettre sur l'équitation des dames; par le comte d'**Aure**, ancien écuyer en chef de l'Ecole de cavalerie. 5e édition. Paris, 1893, gr. in-8° avec portrait, planches et figures dans le texte.. 10 fr.

Équitation des dames; par M. le comte de **Montigny**; 2e édition, avec trois eaux-fortes par John Lewis Brown. Paris, 1878, 1 vol. gr. in-8.. 8 fr.

Abrégé d'hippologie, à l'usage des sous-officiers de l'armée; par M. A. **Vallon**, vétérinaire principal, professeur d'hippologie et directeur du haras de l'Ecole de cavalerie. Adopté pour l'enseignement de l'hippologie dans l'armée, par décision ministérielle du 11 juin 1863. 8e édition. Paris, 1884, 1 vol. in-12 avec figures........ 3 fr. 50

Paris. — Imprimerie L. Baudoin, 2, rue Christine.

www.ingramcontent.com/pod-product-compliance
Ingram Content Group UK Ltd.
Pitfield, Milton Keynes, MK11 3LW, UK
UKHW021009180726
13838UKWH00003B/1496